# 純素天堂

我直直的・傻傻的・VEGAN之旅

圖・文　徐立亭

# 目錄

自序

# 應邀的傻人，有福了！

我坐著、做著，沒有想過有一日成為作者。
但常常覺得一生裡就一件事，一件事裡就一生。
無論是打坐的「坐者」、甜點的「做者」或寫書的「作者」，
似乎都是同一件事。

這些美好，沒有早一步，也沒有晚一步。正好。剛巧。

山裡長大，尊敬每個坡度。
遇見蛇時，會禮讓他過馬路。
不記得國父長像，記得「天下為公」。
小學念《正氣歌》，起雞皮疙瘩，現在仍然。
覺得每位選美冠軍，都是孔子美的化身，希望「世界大同」。

第一次做和菓子的某一瞬，和菓子在手中成了心跳，
下一瞬，成了宇宙。

半斷食體驗一口糙米飯咀嚼兩百下，
那兩百下裡水湧山出、四季幻化、宇宙乾坤。

不識顏料、畫布、畫筆……，開始畫畫。覺得大家都該畫畫。

《金剛經》裡喜歡「應無所住而生其心」。
意思說，不需要支點，地球本來就撐起來。

《心經》裡喜歡「照見五蘊皆空，度一切苦厄」。
有種打開燈就好，心地光明。

覺得世界上最美的一句話是《典座教訓》裡的
「須運道心，令大眾受用安樂」。美哉。

《三字經》裡記得「人之初，性本善」。

純素＝全素＝純植物＝全植物＝VEGAN
＝不傷害動物的生活方式
＝和平＝光與愛＝天堂＝我們本來生活的模樣
純素天堂不是店名，是每個有光與愛的地方。

相信
相信相信
相信福爾摩沙是地球的松果體
相信台灣是座 VEGAN 島
相信我們即將同行且是彼此的寶藏

一切很神奇，因為宇宙很神奇，而我也在宇宙裡，於是如此這般神奇。
我想我們會在神奇的國度裡相遇，一起完成神奇的使命。

VEGAN「維根」一詞起於一九四四年，由「英國維根協會」創立，
意指 vegetarian（素食者，源自蔬菜 vegetable），取前三個字母 veg 及末尾 an 組成。

Vegetarian 不吃肉，廣泛包括鍋邊素、海鮮素、奶蛋素、植物五辛素、純素；而 vegan 專指其中更為嚴格的純素主義者，不吃任何取自動物的食物，同時也避免穿戴、使用動物性產品。

vegan 志於平等愛護動物與環境，
不只是一種飲食主張，更是一種生活方式，一種生命哲學。

初遇第一個暗號

# 屬雞的老朋友

她的眼睛 眨了眨
像打暗號那樣
熟悉、調皮、神秘

隔著鐵鏽色的條框
瀰漫鐵鏽色的氣息

純素天堂

再一個眨眼
那昂首挺立就
枯萎了

在塑膠袋裡像末日倒數的鐘擺
隨著媽媽的步伐
了無生氣地
滴答 滴答
在從菜市場回家
的路上

那夜晚餐的圓桌上
我把飯碗藏在桌下

每當大人們挾來
那些末日的殘骸

大概是5.5地球歲的那年
聞見了鐵鏽味的背後
無聲無息
卻 撕 裂 天 地
的悲鳴

那眨眼瞬間的暗號
像青梅竹馬的勾勾

我們是朋友 你想起來了嗎？

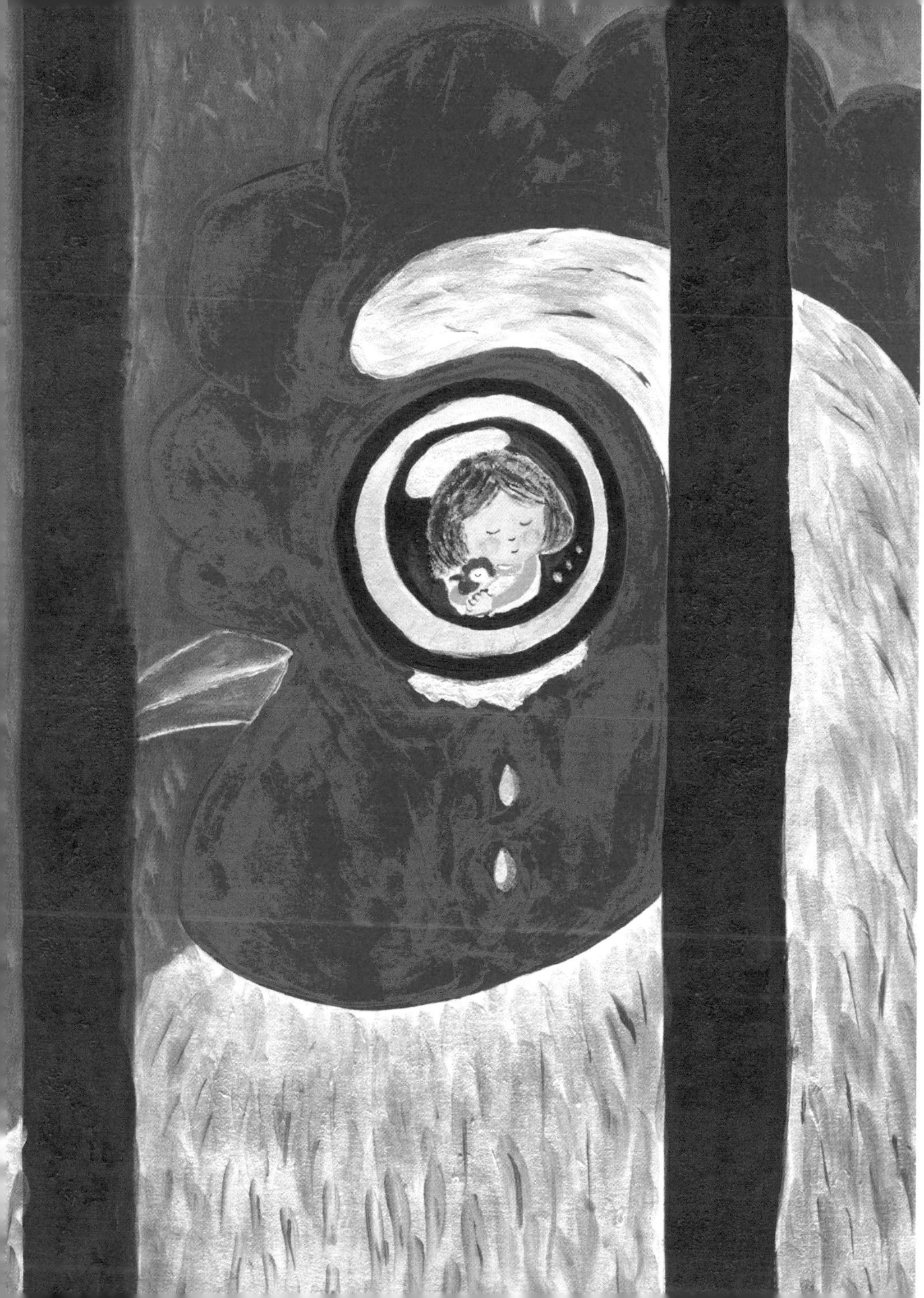

一顆蛋的衝擊

# 那顆清白無瑕裡

順著蜿蜒的山路一路向著小學
在丘陵地形的鄉間
大概是40分鐘的腳踏車程
小學二年級的腳力

秘訣是
壓低身體俯衝每一個下坡
直到踏板瘋狂的旋轉
迅速放開雙腳順勢直衝向上
在快要尷尬打住的時候

腳板見縫貼住踏板
立馬站起身猛力幾個踩踏
如此這般才能省去跳下車徒手推上坡的 冏

怡君　出發　）））））

大吼大叫伴著一陣風
在經過同學家的時候
然後我們會結伴同行快樂地上學去

轉角的竹叢裡最近有7個蛋的雞窩
是每日放風的母雞偷偷另起爐灶的家
噓……要保守秘密

小路頂上的人家雞蛋花開得好香
忍不住摸上枝頭採了朵
結果眼皮被蜜蜂叮了下 腫成一個大紅蛋
又順手摘起盆栽裡的蘆薈敷起來

一陣慌亂後主人出場
眼裡有一切盡在不言中的 猴囝仔應該
自然新鮮的事
日日新鮮自然

一段長長的下坡後會遇上一座小橋
橋頭有棵比五百萬傘還大的樹
我們常常在大樹下泊車吃點心
我的通常是饅頭或水果
怡君的常常是水煮自家雞蛋

正當我準備一口咬下饅頭時
怡君扯開喉嚨放聲尖叫起來
甩開手裡的蛋猛一轉身跑開
我沒搞清楚也跟著她和著尖叫與奔跑
直到兩個人都氣喘噓噓的停下來

她說
「小雞死在裡面了」
上氣 不接 下氣

回到案發現場
兩個孩子都哭了
不忍心埋土
土礫太重了
找了幾片葉子
一層 一層 又一層
埋葬不了愈堆愈高的傷心

那一天起
怡君不再帶水煮蛋當點心
我們也換了泊車的地方

長大以後
發現有鴨仔蛋與雞仔蛋
難過的是
人們用食物的眼光看待

我都會想起那兩個小孩
蹲在大樹下為小生命弔唁的模樣
還會想起來
我們總是日日查看
竹叢裡的雞窩何時有小雞孵出來
搖著黃色的小屁股
左搖 右擺
生命的喜悅來自於
其他生命的喜悅
真實不虛

走入100% 純植物的生活

# 我只是一頭小母牛

一根冰冷的管子
在一個男人手裡
一起在我身後
一切對準著我
長驅直入淩駕了驚恐無助

純素天堂

樹梢在顫抖
雲魂飛魄散
風碎落一地
天　地　失　色　日　月　無　光

不知不覺肚子緩緩地隆起
一個小生命依附在身體裡
我即將成為一個單身母親

哦
親愛的
他來了
有著和我一樣的眼睛
小小柔軟的身體
輕舔著他發光的小細毛
那一刻我們沐浴在愛裡

男人回來了
強行帶走了孩子
儘管我在後頭 嗚咽狂奔用盡氣力
宇宙怎能融化
這撕心裂肺的悲鳴

我站著 儘管世界癱軟
冰冷的不銹鋼嘴吸吮我的乳房
白色的乳汁順管子流向何方
誰在那頭垂涎我流不盡的悲傷

怎麼榨也榨不乾的眼淚是婆婆的海嘯巨浪

再一次的襲捲而來

一根冰冷的管子

在一個男人手裡
一起在我身後
一切對準著我

二〇〇八年看見一張小母牛接受人工受精的照片，
順著照片的線索一路往下探，
掉進一座悲傷的深淵。
原來沒有任何一份潔白的牛奶，來自兩情相悅的受孕、愉悅的分泌。

用假母牛誘發公牛射精集取精液，
然後插入一根冰涼的管子進入小母牛身體裡人工受精，
懷孕、生產、與剛出生的孩子別離、站上擠乳台……；
產乳量不足後，再一次人工受精，
如此反覆經歷幾回，小母牛青春不再，即被送往屠宰場。
無法想像如果一切發生在自己身上，又或者發生在家裡的毛小孩身上。
白色乳汁的漩渦底處，映照著巨大的驚恐與無助，是小母牛的一雙眼睛。

那一年開始，展開了100% 純植物的生活。
期許用心活得正直，期許盡力無愧於心，
己所不欲之事，亦不願施於其他生命啊！

展開部落格的書寫

# 純素世界，天堂生活

持純素吧！

蕭伯納說：「動物是我的朋友，我不會吃我的朋友。」

持純素吧！

甘地說：「當心靈發展到了某個階段，我們將不再為了滿足貪慾而殘殺動物。」

持純素吧！
托爾斯泰說：「吃素的行為，賦予那些一心想要將天國帶到地球的人，很大的喜悅。因為，吃素象徵了人類對完美道德的渴望，是很真確的。」
持純素吧！
不只因為聖賢們 仁慈睿智發光的話語

持純素只是因為
在森林裡瞧見杏眼如豆的松鼠先生時
我們總簡單的會心一笑
在廣場上，遇振翅飛舞的鴿子小姐時
我們總洋溢著和平喜悅
在茵茵草地上，發現眼眸熠熠的小牛朋友時
我們總止不住的嘴角上揚
在微風裡
大口吸著 混合萬物生命的豐盛氣息

感受著 彼此
感受著 愛與擁抱
噢 原來我們是彼此珍貴的寶藏
噢 原來我們來自同一個快樂幸福的大家庭
噢 原來我們對美麗天堂有著一樣的深深思念
噢 我們開始 持純素吧！

---

因為這個心裡無比渴望的天堂模樣，展開了不可思議的一連串。
從部落格分享生活開始，神奇的出發。
當時設立在無名小站的部落格的名字就叫「純素天堂」。
因為，純素世界能帶來天堂生活，是好簡單、伸手可及的夢想。
希望大家一起來：
把 生 活 活 成 天 堂 模 樣
把 天 堂 活 進 生 活 裡 啊

純素天堂

VEGAN
HEAVEN

那個圈圈
有天堂的聖愛
那個圈圈
有天堂的榮光
那個圈圈
原來在我頭上
噢
我來自
天堂

原本溫柔善良的心地

# 心願祈福燭

小豬平安的回家了！
趕忙的打電話給小牛、傳 LINE 給小雞、
發 email 給小羊

小豬說
「這次能夠平安的回家，因為有溫柔的人類朋友們幫忙，
我一定要好好的答謝他們，親愛的小牛、小雞、小羊，咱們老
地方青青草原見，有要事商量！」

「你還好嗎？」小牛關心地說
「沒有受傷吧？」小雞溫柔地問
「我好擔心你喔！還好一切平安。」小羊鬆了口氣

小豬說
「唉啊！不好意思讓你們擔心了！
我不小心在好多車車的高速馬路上迷了路，真的嚇死了。」

「別怕別怕，沒事沒事，一切都過去了。」
小雞輕輕地撥撥豬豬的臉頰

「是啊！一切都過去了，那個像是輸送帶的高速公路，汽車一輛接著一輛呼嘯而過，但在我迷路那一刻，高速馬路成了停電的輸送帶，人類朋友們全都停了下來。」小豬說

「對對對！我也有看到新聞喔！你看起來好緊張慌亂啊！但是他們全都停了下來，耐心等你找到回家的路呢！」小牛說

「是啊是啊！高速馬路好像成了大型停車場啊！」小羊說

「我想人類朋友們有好溫柔的心，他們怕豬豬一個不小心受傷流血，所以全都不敢動呢！」小雞說

「嗯嗯！小雞說的是，就是因為人類朋友們溫柔善良的心我才能平安的回家。所以我想好好的表達我無比的謝意，還有滿滿的祝福，送給我們的人類朋友。」小豬說

「要怎麼謝呢？」小羊說

「嗯……當然要和『吃』的有關啦！」小豬流口水中

「謝意與祝福……嗯……那我們用水果來做成美麗又能祈福的心願燭水果燭塔，你們說如何呢？」美麗的小雞說

「贊成！我要有草莓！」小羊說

「那我要有香蕉！」小牛說

「如果有香香酥酥的餅乾就更棒了！」小豬說

「沒問題！我們快快開始吧！」小雞說

「祈福心願燭─水果塔」需要的材料有──

水果──香蕉與草莓

巧克力淋醬──純素苦甜巧克力20克、植物奶20cc

豆奶卡士達內餡──豆漿100cc、椰奶1大匙、玉米粉1大匙、低筋麵粉1大匙

燭台塔皮──純素消化餅乾5片、融化椰油2大匙

## 做法

1 餅乾壓碎拌入融化的椰子油，壓入小塔模中，冰入冷凍庫20分鐘。

2 內餡所有材料放入攪拌機中均質，倒入鍋中煮至濃稠冒泡。取出放涼後移至冷藏30分鐘。

3 巧克力與植物奶隔水加熱融化拌勻。

4 組合：

a 香蕉切成約5公分長，其中一頭切口沾上融化的巧克力，上方放上草莓。

b 取出冷凍成型的塔皮，填入卡士達醬，上方放上a，完成。

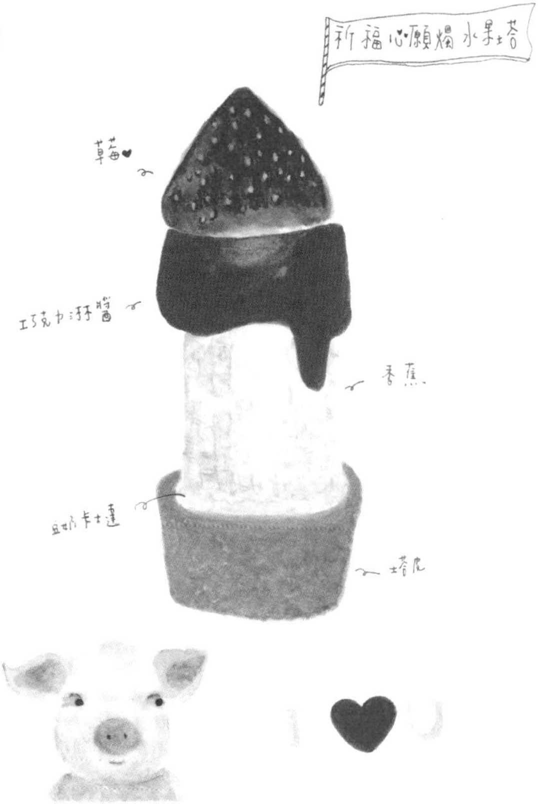

幾年前出差時無意間看見一個新聞的畫面，
幾隻可愛但慌亂的小豬出現在高速公路上……。

在那樣的畫面、那樣的時刻裡，彷彿看見了美麗的天堂！
所有急駛的車輛全停了下來，只有小豬和幾個人們上演你追我跑的戲碼，
電視機前的人們全都提心吊膽地盯著螢幕，
高速公路上的駕駛也一樣地膽顫心驚，
沒有人願意任何生命見血或重傷倒地。

於是一起在新聞螢幕前屏氣凝神，也許祈禱著、也許雙手合十。
那一刻，我想我們都有一樣的感覺，感覺到牠的生命，
就像是你我的生命一般，同等的重要。

您是否也有過屏住呼吸為生命祈禱的時刻呢？
親愛的朋友們，我們常說人類是萬物之靈，擁有最尊貴的生命。
這麼尊貴的生命，都有雙貴手；而貴手，應該高抬。

有一天，我們會發現，
那個不忍看見動物朋友在高速公路上血肉模糊的心，
和不忍見到動物朋友在屠宰場內血流成河的心，
其實都是一樣的。

我們始終善良溫暖，不曾改變；我們只是，暫時睡著而已……。

醒來吧！朋友們！
持純素是尊重所有生命，同時付諸行動最好的方法。

最好的同伴

# 神隊友先生

41號 國中同班同學

我們當同學的時候 講話可能不超過10句

那年我是轉學生

新環境的任何風吹草動 都會讓臉頰著火耳根紅通通

無時無刻都想挖個地洞

某個同學會後
開啟了一本連連看的故事
沿著緣分的虛線 悄悄地蔓延成實線
我們出現在同一篇章節

畫面是這麼展開的

比方說
開始嘗試製作純素馬卡龍時
廚房天天像敗仗的沙場
滿佈奇形怪狀的馬卡龍潰不成軍
他會默默的不說什麼
無視低迷的人與龍
然後在隔天買一整箱的杏仁粉回來
靜靜的安放在桌上
六千元一箱的杏仁粉之於平凡上班族
代表了全然的支持與閉上眼睛無條件的那種信任

同時經營兩間門店的時候
一起天天工作近18－20個小時
日日往返於宜蘭台北間
總是惜寫字如金的他（10年來只收過一回 生日快樂 4個字）
寫了一封信給我
內容描述了
某一日晚上收店後如常開車回宜蘭
我坐在後座 累得張大了嘴巴
口水沿著下巴蜿蜒成一條河流
差點把他淹沒

幽默裡透露出許多疼惜
看得我一把眼淚一把涕
其實開車的他
總是永遠晚我一步闔眼 晚我一步歇息

不曾畫畫的我
因為有太多話想說又詞窮
於是試著用畫的
素描本上塗塗又抹抹
然後他搬來15F（65cm×53cm）的畫布
對著我眨眨眼睛

小時候天馬行空
車庫裡住著大象
爸爸開飛機回家
衣櫥裡有條銀色的旅行腰帶
世界在夢想裡張開
幾年後 長大的身體總讓世界變小了
天馬成了小木馬 翅膀隨著年紀退化

然後遇見了他
看得見妳的翅膀
鼓勵妳飛翔
陪伴妳一路勇闖
手牽手握住畫筆 畫飛出紙外的天際
在宇宙裡乘光 在銀河裡翱翔

獻給
41號林同學
一起握住畫筆的人
生命裡的伯樂
相同夢想裡勇闖的同伴
修了千年而能共枕的師兄
神恩賜的隊友
神隊友 先生
先生 神隊友

投入志工陣容

# 週一無肉日

地球發燒了
我們一起減少肉食多吃蔬果
從綠色的星期一無肉開始
大家講 好嘸好啊？
好啊！
排山倒海的希望
天天在腦海裡排山倒海

那年
參加了「週一無肉日」守護地球活動
在台中受訓後
回到家鄉宜蘭投入志工陣容
車上隨時有麥克風、喇叭、投影機、延長線
直直穿越整個車身的落地布幕
筆電裡各種版本與時間長度的簡報ＰＰＴ
哪兒邀約哪兒去
依稀記得有
修女院 社區 老人院
國中 國小 鄉里間
幼兒園 山區部落小學
然後什麼語言都用上了
國語 台語 台灣國語 比手劃腳肢體語

一年半後
二〇一二年一月 教育部統計
台灣全國中小學三千五百一十八所學校裡
每週擇一日蔬食的學校達到93％

哇噢 我愛寶島台灣

善良與溫暖
原來如此的質樸
知道做到的簡單

週一無肉
(永遠)
值日生：地球人

環保講座 – 老人院與社區

環保講座 – 國小、國中、修道院

第一筆甜點訂單

# 開市一花

妳說了蛋雞一生的苦痛
是
妳說了牛奶裡的撕心裂肺
是

純素天堂

我買不到蛋糕是快樂的
澳洲在台協會打電話來在二〇一一年聖誕節前夕
怎麼辦呢？
我也不知道要到哪兒買
當時台灣似乎還少有純植物的烘焙啊
只好鼓起勇氣回答　如果您不嫌棄
我可以為您準備簡單的 VEGAN 杯子蛋糕
他說了「好」

如此這般
烘焙植物甜點心的道路
像滾動的紅地毯
咕咚咕咚往未知的盡頭甜蜜展開
其實……　我根本不會做蛋糕
噓……　是真的！

烤箱比較像是用來加熱或美化環境的器具
不太認識它製作方面的功能
至於需要什麼材料更是一竅不通
長大的過程裡有包乖乖就無比感激涕零
有包旺旺就好比中了大獎
哪懂得什麼是甜點
逢年過節有發糕、麵龜（米菇）、年糕、九層糕……
可就是沒有什麼蛋糕啊
更不要說像是水果塔、磅蛋糕、馬卡龍……
這些完全生活經驗值外的外星食物

只是好像答應了
沒關係
老天給我一副金鐘罩般的硬頭皮
小烤箱一次能進爐12個杯子蛋糕

大約30分鐘能圓滿鼓起成熟金黃
一陣團團轉忙了大半天
完成了近百個
沒有足夠大的盤子盛裝
便把杯子蛋糕放在母親曬菜脯的大圓竹簍上散熱
一共兩大簍
在一個風光明媚的十二月天午後

我彷彿看見大地紅紅的臉頰
閃爍著喜悅金色的光
就在竹簍子映照出的土地上

地球母親笑了
大概因為孩子做的事
有些榮光

那是第一次開市
這朵開得莫名但一切隨順的花裡
是香香甜甜的
天堂啊

心底的祈禱

# 甜點女神宇宙光

一潭琥珀暖金色
是智慧與愛的深邃漸層
髮裡 眼裡 冠冕裡
萬丈的光無邊閃亮

宇宙裡掌管最高甜點的植物甜點女神
讓世界上的每個甜點心
充滿像是植物種子一樣的發芽力量

純素天堂

那個神力的瞬間 ㄅㄡ～蹦出發光的小芽
伸展張開和平與愛的青翠嫩綠

總是每日向植物甜點女神祈禱
親愛的植物甜點女神啊
使植物甜點的和平與愛在那藍色星球蔓延開展
使植物甜點發光小芽的向陽道路如實甜蜜敞開

願有如摩西一樣的智慧勇氣
跳入甜海 讓道出來

願世上每個甜點
都有著您一樣的
宇宙光
無邊閃亮

# 甜點心祈禱文

親愛的植物甜點女神啊

使植物甜點的和平與愛在那藍色星球蔓延開展

使植物甜點發光小芽的向陽道路如實甜蜜敞開

願有如摩西一樣的智慧勇氣

跳入甜海 讓道出來

願世上每個甜點

都有著您一樣的

宇宙光

無邊閃亮

純素天堂

這個祈禱文
幫助一位自小食蔬 生活裡沒有雞蛋牛奶
根本沒吃過也沒做過甜點的人
縱身跳入甜點心的海
走上了純植物甜點烘焙的道路
好像就是這樣而已
沒什麼秘密的天大秘密
一點都不神奇的超級神奇

由衷景仰一草一木裡的神
萬物蘊涵造化的力量
發現所有偉大與渺小
像張黑點點花色的撲克牌
一個翻面翻出國王來
一體 一個迴旋裡
一瞬 一片光海裡

植物甜點女神住在我心裡
我住在植物甜點女神眼裡

大人們總說，舉頭三尺有神明、心誠則靈。
小孩們不說，小孩們只是抬頭仰望、閉眼合十。

第一次市集擺攤

# 華山功夫

二〇一一年那個第一筆來自澳洲辦事處的甜點訂單後
陸續的接受來自朋友一傳十、十傳百的那種溫柔訂單
烤的植物蛋糕也從像石頭一樣硬
到慢慢地柔軟 能在口中融化
與烤箱也愈來愈熟悉
常常熱臉貼著熱熱的烤爐門
心也火熱

過年的時候許下願望 希望能有更多的朋友認識純植物點心
沐浴其中的愛與和平
「也許應該擺攤」的想法不自覺地冒了出來
才剛冒出立刻就被套圈圈般的機會揪住
中獎了！華山創意市集

揉個大麵糰平整擀開
壓印一朵花、一隻熊、一個愛心、一個圓、一個天使、一個一
噢
千變萬化的餅乾來自同一個麵糰
獨一無二的形狀轉身後隨即合而為一
邊擀壓邊祈禱
祈禱我們能在一個餅乾裡
體會無二的真義 大同的一體
烤餅乾
直到像黃金一樣的光迸開來

滿滿小客車的甜點
有七種小餅乾、瑪德蓮、香蕉磅蛋糕與抹茶芝麻磅蛋糕
疊滿兩台推車華麗進場
左鄰右攤投以不可置信的眼光
這個數量真超級誇張

啊 哈！搔搔頭 難為情
其實不期待好賣
想交換的不只是紙鈔
是「哇！噢！原來！」
原來純植物也可以做甜點
原來沒雞蛋與牛奶一樣可以享受美味
好希望大家都能有機會嚐嚐

仰頭把嫩綠色、青青草原般的「純素天堂」布條掛上
堅定肅穆的心

就像升起世界新紀元的旗幟一樣

一整個下午小攤來了絡繹不絕的人們
讓左鄰右攤鄰居們的不可置信持續到終了
許多朋友試吃了一整圈後繞回來購買
順口問了 為什麼妳的香蕉蛋糕香蕉味道最濃郁呢？
我想是因為沒有蛋與奶的搶戲
讓香蕉能如實地忠於香蕉
一切簡單讓風味更顯明瞭

距離收攤的時間還有兩個小時
甜點心已全數跟著有緣的朋友回家了
留了兩袋飽滿的甜點分享左鄰右攤
想起佛說信願行
原來最難的是信

簡單的不得了的
也是
信

什麼都不會的我誠心相信
人生的每個選擇題無論是食衣住行 人與事物……
一定有和平與愛的選項
那個賓果的答案
會讓生命開出一朵花
結出一個美麗飽滿的果實

信
是一門真功夫啊

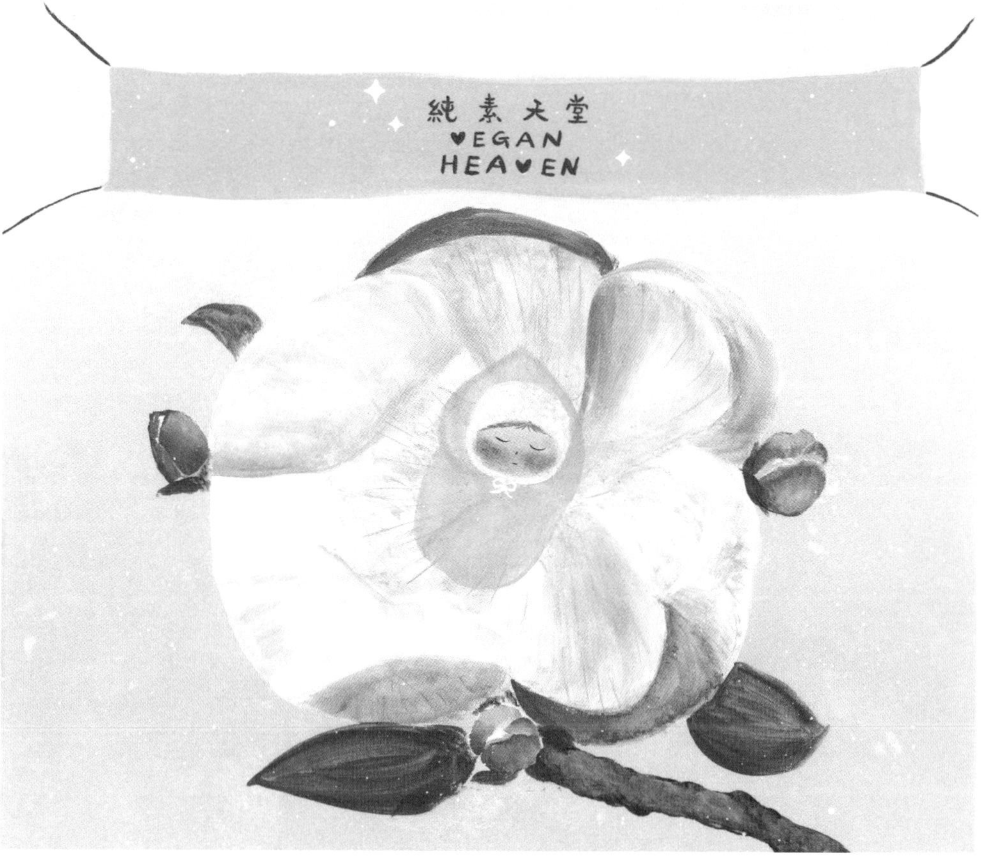
純素天堂
VEGAN
HEAVEN

純素天堂

第一次華山擺攤

第一次參加大展

# 青青草原上的約定

電話那頭說
您好！純素天堂受邀參加世貿中心舉辦的
國際 素 食 展
頓時
閃光與電流全身 雞皮疙瘩放射
那時候的純素天堂連店面都沒有
卻時刻想同世界迎向天堂
內心喜悅吶喊
天公伯啊！出運啦！

沒有合適的包裝 缺少外帶的提袋
文宣品要傳遞什麼 怎麼製作足夠的點心量
需要更大的空間 需要符合法規的營養標示
如何布置兩坪大小的店舖
哪些人手可以幫忙……
好多好多待辦事項
像傑克碗豆攀上天一樣

兩個月的時間完成了這幾乎不可能的任務

首先找到一個鐵皮屋的空間修整成一間烘焙室
整頓地面刷地漆做天花板 粉刷牆面裝置水電
安頓流理台不銹鋼工作台 落地的攪拌機與大大的四門冰箱
烤箱從家庭用的三個小旋轉鈕 到有一大堆像鍵盤一樣的按鈕
安裝師傅耐心的從零教導 語氣裡有一種 憨囝仔啊！的疼惜

從原來自家2坪的小廚房
晉級到20坪的流暢工作室

然後構想包裝
寫下、畫下想傳遞的理念
構想網站
找設計師幫忙 開模印刷

接著準備一個展櫃的小店舖
直立透明冰箱與租賃四角玻璃冷藏櫃
兩排手工木製餅乾貨架
一座有胸懷的溫暖木質櫃台

最後的一個星期迎向不眠不休的烤焙週
守著烤箱
睡在宅配紙箱上過夜

伴著新地漆的氣味

世貿布置的那晚
租了一輛大車把一切都帶上
包含一位夾在車頂與桌板間趴著的夥伴
很好，可以的！他說
蓋上後車廂的那一幕 永生難忘
那麼神勇浩蕩
是因為心中那股莫名的使命與力量

幾天的展覽很快的過去了
像做了場夢
夢裡坐了火箭發射到外太空
然後離開艙門 漂浮進宇宙裡
像星星終於回到了銀河一樣

撤展的那晚我知道
燈熄了但一切更亮
心花朵朵金黃
滿溢愛與光

大大的嫩綠色看板下
希望大家能想起
與動物朋友們在青青草原上的美麗約定

甜點心其實只是載體
那些關於愛　那些關於和平
那些關於那些年　我們在藍色星球上
與萬物發生的故事
才是甜甜背後的　點滴
攤位上發生了數不完的美麗故事

那幾日的笑容與愛、光與溫暖
成為無盡的滋養

有一天 那場關於青青草原上的美麗約定
會被想起 會被記得
會很和平 會好有愛
會持純素 會是天堂

---

很多日子以後，才知道，原來那場滿心榮幸與感恩的「受邀」，其實真正的名稱是「招商」。

而真實如實的發生是，老天爺來了邀請，用種種方法讓我們張開翅膀飛起來。

無疑無懼，應邀的傻人，有福了！

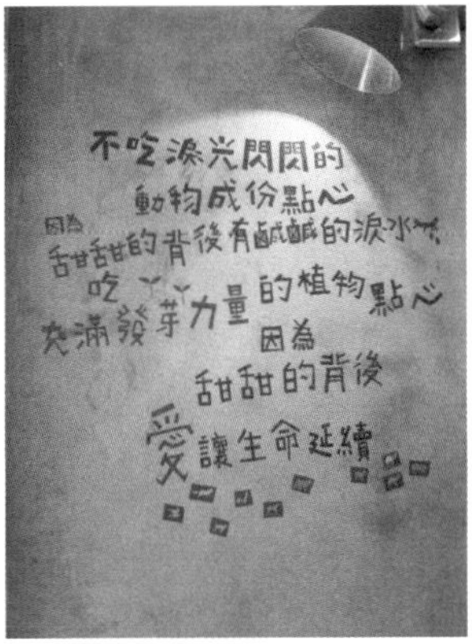


工作室與店鋪的準備過程

參與世貿展

第一次開店

# 純素天堂奇蹟1號店

大約二〇一三年時好認真好認真的尋找
想在家鄉有個小地方
分享大家一種我們選擇的生活方式
夜半遊移在網路搜索
白晝穿梭在田野尋覓
某日的中午接到一通電話
來自半年前詢問的地方

奇蹟般的傳來回應

掛上電話後 兩個傻子出發了
那個小空間
沒水沒電 沒地板天花板
沒一條管線 沒任何開關
板模拆除後全裸的模樣

但有一棵大樹 一棵繁盛美麗的鳳凰樹
風吹過的時候
她說了 歡迎
風吹過的時候
她說了 我在這裡
風吹過的時候
她灑了滿天的葉子小亮片
像在慶祝 像種祝福

隔2日我們決定簽下合約
簽名時 手是堅定的
簽完後 就手足無措了
空蕩蕩的屋子該從哪裡開始

那時樓上的旅店正如火如荼的趕工
旅店的設計師說他剛完成一間台北的咖啡甜點店
以我們這個坪數畫圖+施工 不含設備
大約要一百五十萬上下……

噢 剎那感覺下巴掉了心裡很涼雙腿微軟
只剩信念
信念仍然 直挺挺的 有光

於是自那天開始
經歷前所未有的冒險與奇怪的舉止

比方說
一個人捧著還沒安裝上牆面的男生小便斗
一個人坐在還沒拆封的馬桶座
站了又坐又站了又坐
這個距離ok不ok
這個高度合適不合適

一個人爬上工作梯
另一個人站得老遠
像參加綜藝節目一樣
比手劃腳隔空交流

有時拿著色卡望著牆面呆呆站上大半天
有時對著空空如也的地方
演舞台劇一樣展現奇妙華麗的假動作
假裝開門假裝關門假裝有條路

假裝走過來假裝走過去 還演了狹路相逢
又模擬身為一條電線 該如何充份的活出自我
才能沿著電線可以跑的路徑讓一切電器安身立命

白天拿甜點的刮刀晚上拿補土的抹刀
然後發現這兩種工作 原來有異曲同工之妙

如此這般捲尺不離身
整整8星期

一直到前一天看板才裝好
一直到前一天天黑POS機器才來
一直到前一天　所有的水電、木工……一路上合作過的師傅們
都替我們捏把冷汗
數不清手足無措的難關

在最後一刻 那個千鈞一髮之際
總有什麼愛的力量
讓手足無措 成為手舞足蹈
眼淚鼻涕齊發的情況

那些時候總能清楚明白
奇蹟不只開始
奇蹟時刻都在

開幕了大家來了
分享我們不同的奇蹟故事
有環島義剪的女孩
懷抱導演夢想的男孩
比手劃腳的各國朋友
笑點很低的可愛毛小孩……
好多好多

然後我們有機會用甜點參與了
入厝的慶典 婚禮的誓言
滿月的喜悅 生日的派對
妝點十年的里程
甚至潤飾人生的完結篇……
許多生命裡充滿恩典的重要時光

為什麼叫奇蹟1號呢？
啊哈 親愛的
奇蹟1號 因為充滿了奇蹟啊
還因為有1才有2……
嗯
光芒2號
恩典3號
沒有經過哪裡

就這麼從嘴裡溜出來的話語
像憑空而降的天諭
竟在往後的日子裡
一一地
點石成金

純素天堂
VEGAN
HEAVEN

純素天堂
VEGAN
HEAVEN

純素天堂
VEGAN
HEAVEN

【純素世界 天堂生活】

持純素吧!
蕭伯納說:『動物是我的朋友,我不會去吃我的朋友。』
持純素吧!
甘地說:『當心靈發展到了某個階段,
我們將不再為了滿足食慾而殘殺動物。』
持純素吧!
托爾斯泰說:『吃素的行為,
賦予那些一心想要將天國帶到地球的人,很大的喜悅,
因為,吃素像徵了人類對完美道德的渴望,是很真確的。』
持純素吧!
倒不是因為 誰 誰 誰 說了什麼 與 什麼

持純素只是因為
在森林裡,瞧見杏眼如豆的松鼠先生時
我們總簡單的會心一笑
在廣場上,遇見振翅飛舞的鴿子小姐時
我們總洋溢著和平喜悅
在茵茵草地上,發現光采眼睛的小羊朋友時
我們總止不住的嘴角上揚
在微風裡,大口吸著混合著萬物生命的豐盛氣息
感受著 彼此
感受著 愛 與 擁抱
噢 原來 我們是彼此珍貴的寶藏
噢 原來 我們來自同一個快樂幸福的大家庭
噢 原來 我們對美麗天堂有著一樣的深深思念
噢 我們開始
持純素吧!!~



純素天堂的第一張文宣,唯一的一張文宣

第二家店誕生

# 純素天堂光芒2號店

很小的時候 有一年拜天公
三更半夜 大家鬧哄哄
一個小孩看見客廳裡的觀音佛像對著她轉了轉頭 眨眨眼

瞬時 她張大嘴巴 倒吸了一大口氣
屏息凝神後發出 嘩。嘩。歡。呼
比手劃腳的開始說著
然後 大人們只是笑笑地摸摸頭
然後 小孩好希望菩薩能再表演一次

嘿
您相信那個孩子嗎？

1號店剛開始的時候
一位美麗的朋友說
為什麼叫1號店呢？會有2號嗎？
那時脫口溜出了
純素天堂會有奇蹟1號、光芒2號、恩典3號
真的是「神」回覆
嘿
您相信神會回覆嗎？

我們真的相信
真的相信 然後每天努力
真的相信 然後一步一步的慢慢前進
真的相信 透過純植物的和平甜點心能告訴大家
純素生活 像天堂一樣美麗
真的相信 所以勇敢無敵

2號店在二〇一五年十月八日開張
站在對街一看
小店真的發出光芒
如實的
光芒2號 純素天堂

光芒 2 號店牆上貼出的信念

提拉米蘇logo設計（左）與滿櫃的甜點心

加入餐飲集團的因緣

# 這位是我們家師父

光芒2號店開幕的第一位客人
是一位外型很酷卻舉止溫柔細膩的女孩
她幾乎買了每一款甜點
那天很忙 沒能多聊

幾個星期後她回來
我們聊了很多關於VEGAN的生活與精彩
才知道女孩的父親創辦了穗科手打烏龍麵
對植物飲食的我來說
穗科是一個優雅的蔬食模範生商號
一座有力的燈塔

大概幾個月後的某一天
女孩蹦跳著進店裡
挨著牆邊讓出一條小道
手往門口一劃
來 跟您介紹
這位是我們家師父
女孩的父親創辦人
閃亮登場

閃亮是因為似和尚的髮型
真的如實有光
眼裡也有一樣的和煦曖曖

因而我與稻禾集團結緣
然後獲邀一起並肩同行
一起從青青禾苗的「稻禾」
成為 直立而出的「稻荷」
與百位夥伴共同走出了
純植物劃時代的
美 麗 稻 荷

## 開創 100%VEGAN 麵包店

2017823，生日

第一次吃一禾堂麵包
是那位女孩帶來的莓果三重奏
粗曠的裸麥與優雅的三種莓果一起
無敵迷人 宇宙級的喜歡

二〇一七年中創辦人問
如果新的一禾堂有50－70％的VEGAN麵包
妳覺得如何呢？
大喜 那當然好
然後女孩緊接著說
既然要開當然要是全VEGAN的才好
狂喜
世界的福氣

做夢的人要負責任
當場就簽名畫押
殊不知那真的是張賣「生」契
為植物能帶來和平與愛的世界
許下投注生命的誓言

開幕的前2週
準備登場的麵包隊伍仍零零落落
那一刻我知道
上天要求更加勇敢的邁步
即便是未知的領域
因為天下沒有不屬祂的領土
凡事有天罩住
只要如實的將自己交付出去

很快的迎來了一連串的挑戰
台語說的「吊鍋」踩空成了「空降」
生命的新功課大「烤」驗接踵而至

然後發現
太陽仍然升起來 星星月亮一樣有光
生活仍就像初生之犢不畏虎的勇闖

從一、二個人到一群人
一個步伐一個步伐
像攀岩那樣
且爬且穩住 且向上且靠近天堂

二〇一七年八月二十三日
一禾堂展開了全新的生命
如實的自遍佈大地的種子果實出發
成為一間純植物的麵包舖
踏出綠色的步伐 用愛讓生命延續
無論是人類的、地球環境的、動物朋友的

總有一個巨大的步伐
溫柔地開路
等待著我們
邁開一個小步

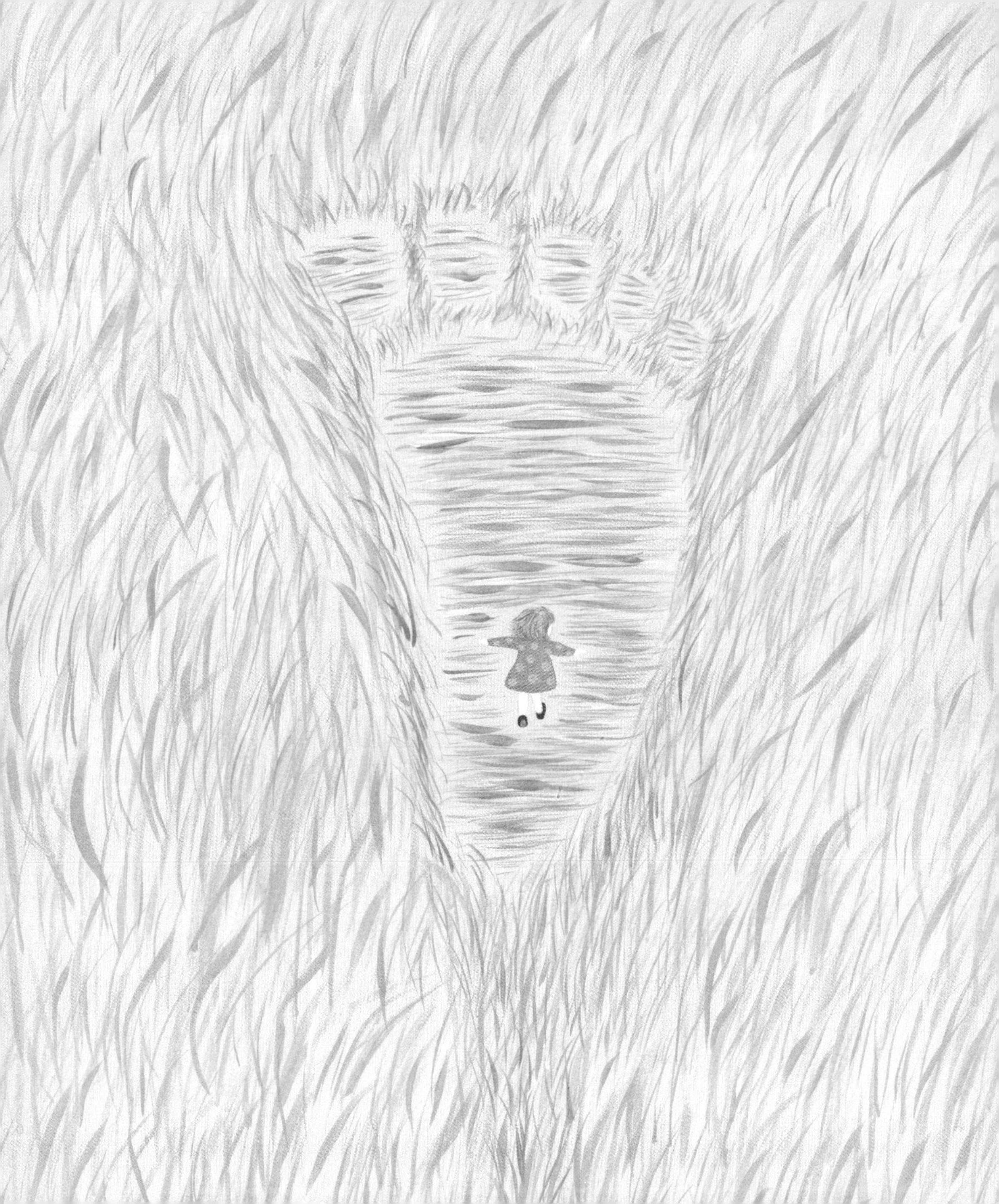

邁進純素時代

# 二〇一九稻荷元年，The Year of the Vegan

《經濟學人》全球大趨勢年刊中說
二〇一九年是純素之年（The Year of the Vegan）
正是這一年元旦
稻荷旗下所有品牌（穗科、穗科食堂、一禾堂、一禾豆乳、元禾食堂）
齊步走上VEGAN純植物的道路

年初寫了一封信給麵包舖的老主顧們：

親愛的 敬愛的

長期信任一禾堂、支持一禾堂的美麗朋友們

如果文字有力量，一禾堂裡裡外外所有的夥伴們，

希望化為一個深深的鞠躬、一個感謝珍惜的擁抱，

感謝您的支持！感謝您的愛與信任！

好抱歉近期的麵包有些調整，

好抱歉那些找不到心儀麵包的失望表情，

好抱歉的同時還好感謝包容我們與愛的力量！

一禾堂的步伐，朝向禾本植物方向前進，

朝向米麥豆蔬果，植物生態系，努力前行。

一禾初心，種子出發，結成菓實。

於是我們如實的從一顆黃豆開始，

展開種子植物的繁盛可能性，
成為一個植物出發「這樣禾好」的麵包舖，
成為一個植物出發「安心和好」的麵包舖。

不用蛋時，用了土生土長的寶島地瓜泥。
不用奶時，用了研磨蒸煮的自製一禾豆乳。

變淡了，因為植物的溫柔。
變輕了，因為植物的簡單。
變傻了，因為好好的生意不做。
變美了，因為生意本是生活。

一禾心生活，米麥豆蔬果。

這樣禾好，安心和好。
因為有您的愛，我想我們一起過得
禾好，和好

二〇一九稻荷元年
The Year of the Vegan
與萬物生命和好的生活
真好

# 在餐桌上疼惜大地母親

# FLOURISH

FLOURISH 綻放
是元禾食堂的英文名字
有座花園般的香氣

純素天堂

二〇一九年六月份收到一份邀約
來自桃園機場
又驚又喜

人們帶著各式各樣的故事往來機場
啟程或歸來
如果能夠用餐點獻給每個人一座花園
那麼彼此都芬芳
美麗的福氣盛開綻放

一朵花忽然在心田間開了
FLOURISH BOWLS
FLOURISH BOTH
多麼希望能在一個碗裡
綻放天地世界
綻放萬物生命

二〇一七年拜訪日本廣島一間在半山腰的豆腐工廠「椿之家」
主人折笠社長帶著我往上攀爬
到廠區的至高處處理污水的地方
環山翠綠的景緻清朗得讓人由衷敬仰
正如折笠社長做的事一樣
他培養各種好菌吃掉豆製品廢水中易發酸發臭的蛋白質
讓排出去的水比流進來的水源更加乾淨
還額外培養了一桶桶的EM菌定期排放回河川以淨化水流
讓小魚水草在好環境裡順利生長

折笠社長說
妳知道嗎
生活環境當中的菌與你腸道裡的菌 是一模一樣的
看看身邊環境就知道體內腸道的實況了

震撼與感動 難以形容

不只關心走過時要留下美麗的足跡
更關愛保護原來的小溪山林
如同保護自己一樣

在自然裡見身體 在身體裡見自然
看著折笠社長臉頰上紅通通的光彩
像看到山裡的仙人一樣

親愛的朋友 您知道嗎
世界上近45%的無冰陸地用來供應畜牧業
多麼遼闊近半的大地面積
一塊相同面積的耕作土地
可以餵飽1位肉食者
或者
餵飽20位蔬食者

隱藏在畜牧業的背後是
高碳排放、土地沙漠化、水源污染、森林砍伐、
糧食分配、能源消耗……
這些巨大難以復原的大地傷口

我想我們一起向半山腰的仙人 折笠社長學習
那種人與自然一體無二的真知真義

在餐桌上看見天地世界風景
在餐桌上看見萬物生命美麗
在餐桌上疼惜呵護大地母親

讓生命綻放在餐桌上
如同一座花園那樣芬芳
FLOURISH BOWLS
FLOURISH BOTH

FLOURISH
BOTH

豆乳冰淇淋聖火

# 以愛的海平面升起

開展一禾堂麵包舖純植物的烘焙道路時
對所有人來說
真的是一場前所未有的挑戰與經歷

無論是經營管理、製作師傅、門店內外場夥伴、忠實顧客們
既有的一切 可以是基礎 也可以是包袱
端看每個步伐 是否愛與智慧同行

選擇從黃豆開始自製豆乳取代牛奶
是因為遇見了北海道黃豆的甘美
值得被世界看見
植物奶真的能取代牛奶的風味
於是老實如實的從種子出發
研磨、蒸煮、榨漿
除了加入麵糰中製作 VEGAN 麵包
也販售袋裝豆乳
只是以豆乳取代牛奶的心意
似乎不容易獲得注視
直到把豆乳變成冰淇淋的靈感開花了
一切圓滿芬芳起來

那天是
二〇一九年八月十五日
一禾堂總店的大窗上貼出：

冰淇淋終將消融
以愛的海平面升起

還貼上
草本植物 和平與愛 VEGAN

簡單幾字
像長長黑夜後升起的旭日

誠心希望純植物飲食
能為所有生命帶來喜樂與光

「純植物 VEGAN 的飲食，
是每個人能做的最有效降低全球暖化的行動。」
來自世上無數的科學家、環境學家深切的對全球人們呼籲

希望融化的是冰淇淋，而不是冰山
希望升起的是內心的愛，而不是海平面

是的

「冰淇淋終將消融，以愛的海平面
升
起」

總是想到一句俚語
第一賣冰第二做醫生
‧禾豆乳冰淇淋
賣植物冰希望大家一起做呵護地球的醫生
那一刻明白

初心總能讓一成為無限
無限能合而為一

這個冰淇淋在初心裡是聖火的模樣
星星之火
可以燎原

有一天會成為
巨大無限

在宇宙的計劃裡

如來神掌

小時候讀西遊記
調皮的悟空 翻不出如來的掌心
多美多好

純素天堂

掌心 很溫柔
掌心 有佛呵護
掌心 怎麼翻都安全
掌心 在宇宙的計劃裡

所以 盡情翻滾吧

那些夢想 可以調皮 可以恣意
可以 這邊揮一下 那邊灑一下
可以 帶著愛 翻來滾去

反正 怎麼翻 都安全
反正 怎麼翻 都在宇宙的計劃裡

您知道的
除了柔軟的掌心

還有佛陀 永恆45度角的凝視
溫柔的眼
淺淺的笑
無盡的包容與愛意

嘿
翻不出如來的掌心
多美多好的天命

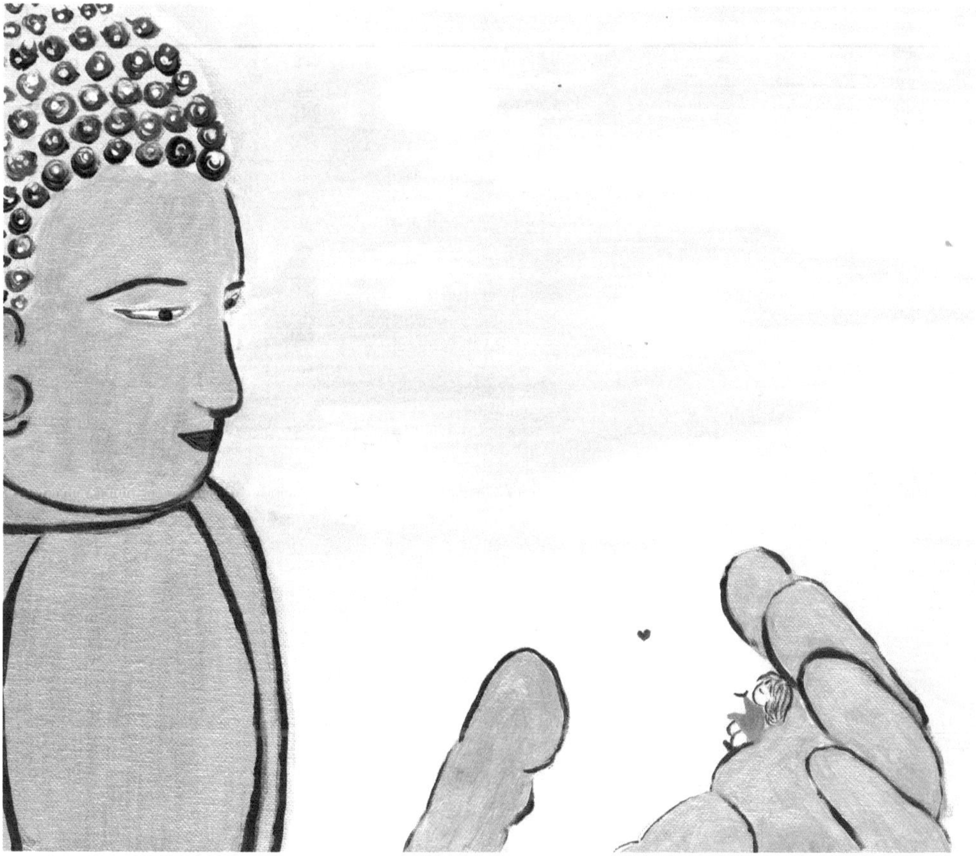

# 純素天堂

## 我直直的・傻傻的・VEGAN之旅


圖・文　徐立亭

總編輯　夏瑞紅
行政編輯　謝依君
美術設計　拾蒔生活製作所

發行人　梁正中
出版者　正好文化事業股份有限公司
地址　台北市民權東路三段106巷21弄10號1樓
電話　02-2545-6688
網站　www. zenhow.group/book
電子信箱　book@zenhow.group

總經銷　時報文化出版企業股份有限公司
電話　02-2306-6842
地址　桃園市龜山區萬壽路二段351號
製版印刷　中原造像股份有限公司

初版一刷　2020年4月
定價　370元
ISBN　978-986-97155-4-6

國家圖書館出版品預行編目（CIP）資料

純素天堂：我直直的・傻傻的・VEGAN之旅 / 徐立亭圖・文
・一初版・ — 臺北市：正好文化，2020.04 面；公分
ISBN 978-986-97155-4-6( 平裝 )
1. 素食 2. 文集

427.3107　　109000921